MÉMOIRE

SUR LE

PROJET DE RÉORGANISATION

DU

Service des Epizooties

DANS LE

DÉPARTEMENT DE LA SOMME

PAR

F. CRÉMONT

MÉDECIN-VÉTÉRINAIRE

à AMIENS

— 1900 —

MÉMOIRE

LU A LA

SOCIÉTÉ DE MÉDECINE VÉTÉRINAIRE

DE LA SOMME

Dans sa Réunion du 18 Février 1900

MESSIEURS,

Le désir de la Société de Médecine Vétérinaire de la Somme est d'aboutir par la réorganisation du Service départemental des Epizooties à un double but : *1° Combattre plus efficacement les maladies contagieuses, par une application plus hative, plus rapide des mesures de police sanitaire qui ont comme conséquences heureuses; la protection et la conservation du cheptel national vivant et aussi la protection de la santé publique ; 2° obtenir pour chaque vétérinaire une satisfaction professionnelle bien légitime, l'égalité dans les droits que confère le diplôme de vétérinaire.*

Et d'accord en cela avec vous tous, Messieurs, j'en ai l'intime conviction, j'estime que ce double but ne saurait être atteint si nous n'obtenons ce résultat : que chacun de nous soit vétérinaire sanitaire chez ses clients et sous le contrôle du vétérinaire délégué. Je suis obligé, Messieurs, pour être complet dans ma démonstration de revenir sur certain point mis en évidence dans le rapport de MM. Griois et Farçat et de reprendre avec eux l'étude de l'organisation actuelle et celle de l'organisation projetée.

ORGANISATION ACTUELLE

Vous savez, Messieurs, comment les choses se passent actuellement dans un cas de maladie contagieuse. Celle-ci fait l'objet *d'une déclaration qui provoquera l'envoi du vétérinaire sanitaire*. Cette déclaration est faite à l'administration, ou par un vétérinaire qui a constaté la maladie, mais qui n'étant pas vétérinaire sanitaire n'a pu prendre aucune mesure, ou par le propriétaire lui-même. Or, nombreux sont les cas où les vétérinaires sanitaires matériellement incapables de faire face aux exigences de leur service, n'ont pu intervenir que cinq ou six jours après la déclaration. Or les conséquences économiques résultant de ce retard atteignent : 1° *l'intéressé lui-même* (dépréciation des animaux malades, propagation de la maladie dans l'exploitation entraînant une durée plus longue de la période d'infection) ; elles peuvent même dans certains cas de maladies contagieuses donnant droit à une indemnité et où l'estimation doit être faite sur l'animal vivant, (Péripneumonie par exemple) le léser considérablement ; 2° elles atteignent aussi *la collectivité des propriétaires* voisins au milieu desquels existe un foyer d'infection non combattu, même ignoré dans certains cas et par conséquent plus dangereux.

ORGANISATION PROJETÉE

Que se passerait-il si chaque Vétérinaire était Vétérinaire Sanitaire chez ses clients. — Les deux mêmes cas sont à envisager : 1° la maladie contagieuse *serait constatée par un vétérinaire ;* celui-ci étant vétérinaire, n'aurait plus alors à faire pour provoquer l'arrivée du vétérinaire sanitaire, *la fameuse déclaration d'où vient tout le mal* (retard dans l'application des mesures sanitaires avec ses conséquences économiques), *il ordonnerait d'urgence* les mesures de police sanitaire, *en rendrait compte à l'Administration et en attendant l'affichage de l'arrêté d'infection, ferait apposer à la porte principale de l'exploitation un écriteau sur lequel figurerait en caractères très visibles le nom de la maladie ;* 2° quant au deuxième cas, déclaration de maladie contagieuse faite *directement par le propriétaire* à l'Administration, il deviendrait de plus en plus rare au fur et à mesure que les propriétaires se familiariseraient avec le service. *Sachant que le vétérinaire sanitaire est leur vétérinaire habituel, ils l'appelleraient directement et alors celui-ci agirait comme je l'ai dit ci-dessus.*

Rien ne devant être laissé à l'imprévu, il y a lieu d'envisager le cas des propriétaires ne faisant pas soigner les maladies contagieuses. Ces propriétaires comprennent deux catégories :

1° *Les ignorants des dangers des madies contagieuses et des moyens pour les combattre.* — A ceux-ci il suffira le plus souvent d'un simple conseil du Maire, pour obtenir d'eux qu'ils fassent le choix d'un vétérinaire et l'appellent spontanément.

2° *Les récalcitrants.* — Ceux-là constituent un véritable danger au point de vue économique, pour les propriétaires soucieux de leurs véritables intérêts. Avec eux, l'hésitation n'est pas possible, il faut leur imposer la soumission aux lois, règlements et décrets de police sanitaire. Autant nous sommes partisans de la liberté absolue de chacun, même lorsqu'elle est contraire à ses intérêts, c'est-à-dire s'il lui plaisait de laisser mourir sans soins ses animaux malades, autant nous ne pouvons admettre qu'un propriétaire puisse laisser sans soins, des animaux atteints d'une maladie pouvant être une source de danger pour la fortune et la santé publique. Dans ce cas spécial et qui doit être bien rare, je me hâte de l'ajouter, le rôle principal appartient au Maire. S'il est réellement soucieux des intérêts et de la santé de ses Administrés, il fera d'urgence la déclaration de maladie contagieuse à M. le Préfet qui la transmettra dès sa réception au vétérinaire délégué, (Voici un des nombreux cas où son rôle se manifestera utilement) lequel requerra d'urgence le vétérinaire qu'il jugera convenable.

Auprès de ces considérations d'ordre supérieur, puisqu'elles se rapportent directement à la fortune et à la santé publique et qui plaident en faveur de l'attribution des prérogatives du vétérinaire sanitaire à chaque vétérinaire dans l'étendue de sa clientèle, il en est une autre plus secondaire, mais qui a cependant une réelle importance, je veux parler de la liberté individuelle laissée à chaque propriétaire, dans le choix du vétérinaire qui appliquera les mesures de police sanitaire. En imposant un vétérinaire à un propriétaire, on risque de provoquer des froissements, de placer le vétérinaire et le propriétaire, dans une situation réciproquement très délicate et dans ces cas particuliers il ne faut pas s'étonner, de voir naître chez l'homme le plus disposé à se soumettre à la loi, l'idée de chercher un moyen pour s'y soustraire. *Le vétérinaire sanitaire doit jouir de toute la confiance du propriétaire.* Les difficultés de sa mission seront bien aplanies, il lui sera plus facile de persuader le propriétaire de l'urgence et de l'efficacité des mesures que la loi prescrit. Il fera de ces mesures une *application raisonnée,* afin d'obtenir chez ses clients une extinction rapide des foyers et la préservation des voisins.

Que se produirait-il avec des circonscriptions ? — Après avoir exposé les raisons qui selon moi, militent en faveur des idées que je viens de vous exposer, permettez-moi de vous démontrer sommairement qu'on aiguillerait à faux en s'engageant *dans les circonscriptions.* Cette démonstration, je n'ai pas besoin de vous le dire, Messieurs, n'est pas faite pour vous qui connaissez aussi bien, peut-être mieux que moi-même, les inconvénients du système; elle est faite pour contribuer à éclairer ceux qui en dehors de notre Société, s'intéressent à la question que nous avons soulevée et dont dépendent de si grands intérêts.

Les vétérinaires de la Somme n'étant vétérinaires sanitaires que dans une circonscription, les mesures de police sanitaire ne seraient appliquées immédiatement qu'autant qu'il s'agirait d'une maladie contagieuse éclatant *dans la circonscription du vétérinaire* tandis *qu'en dehors de cette même circonscription celui-ci devrait faire une déclaration pour provoquer la mise en mouvement du vétérinaire sanitaire.* Nous serions exactement dans la même situation désavantageuse au point de vue de l'intérêt général qu'actuellement, il n'y aurait qu'une seule différence *au lieu d'avoir cinq arrondissements* nous aurions une *infinité de circonscriptions* grâce auxquelles nous pourrions voir auprès de foyers de maladies contagieuses combattus activement, *ceux dans la circonscription du vétérinaire,* d'autres foyers où le mal couverait, s'entretiendrait sourdement et d'où il pourrait reprendre une recrudescence d'intensité, *ceux en dehors de la circonscription.* Avec la circonscription et *son mandat limitatif*, on verrait cette chose étrange : *l'épanouissement ou l'évanouissement de tous les résultats heureux de mêmes connaissances* selon que l'on se trouverait *en deçà ou au-delà* des limites de la circonscriotion. Ce serait l'application de cete théorie absurde : *Vérité en deçà, Erreur au-delà.*

Dans la question des honoraires, je me propose, Messieurs, de vous démontrer comment la division en circonscription complique notre réorganisation du Service des Epizooties en grévant le budget départemental, tandis qu'avec le système vétérinaire sanitaire dans l'étendue de sa clientèle, la réorganisation se simplifie en *dégrévant le budget.*

Satisfactions Professionnelles

Je n'ai pas besoin, Messieurs, d'insister sur les légitimes satisfactions professionnelles que nous donnerait la réorganisation du Service des Epizooties conférant à chacun les prérogatives de vétérinaire sanitaire danssa clientèle, elles sont tellement évidentes qu'elles frapperont l'attention, l'esprit de ceux mêmes qui n'ont pas à en ressentir les effets, mais qui ont seulement le souci du principe de l'égalité.

DES FONCTIONS DU VÉTÉRINAIRE DÉLÉGUÉ

Les mesures de police sanitaire prises par nous pourraient bien ne donner qu'un résultat peu satisfaisant au point de vue des conséquences générales heureuses pour le bien public et peu en rapport avec nos efforts et notre dévouement professionnels, si ces mesures n'étaient coordonnées, réglées, surveillées et centralisées dans une même main et par un seul esprit ayant *la compétence et l'autorité nécessaires.* En un mot nous pourrions faire tous d'excellents soldats contre les maladies contagieuses, mais sans direction, nous ressemblerions, permettez-moi la comparaison, à une armée sans chef ; nous pourrions remporter beaucoup de victoires individuelles, mais la victoire finale nous échapperait. *La nécessité d'un chef de service* dans la véritable acception du mot, se fait donc sentir. L'article 96 du règlement du décret du 22 juin 1882, fait du reste de l'existence de ce chef de service, la seule condition imposée aux départements dans l'organisation de leur Service des Epizooties et dans la circulaire en date du 8 août 1899, le ministre de l'Agriculture M. Dupuy insiste sur l'organisation de ce service dans le sens de la conception du législateur de 1881 *avec un vétérinaire délégué ayant des pouvoirs étendus et étant suffisamment rétribué.*

Pour être dans le sens de la conception du législateur de 1881 et répondre au vœu de M. le Ministre, j'estime personnellement qu'il y a lieu de procéder à une **réforme** complète dans notre département. Et si vous le **voulez** bien, Messieurs, examinons brièvement quel devrait être le vétérinaire délégué, quelle devrait être sa situation, quelles devraient être ses attributions.

1° Quel devrait être le vétérinaire délégué ? — Je n'hésite pas, pour répondre il devrait être un de nos confrères ayant une compétence qui ne soit pas discutable et qui lui donne auprès de nous une réelle autorité, et j'estime que le vétérinaire nommé au concours, réunirait ces conditions, puisqu'il aurait pour lui l'autorité résultant du succès d'une épreuve *dont les juges seraient choisis parmi les maîtres qui se sont illustrés et qui ont illustré la profession par leurs recherches scientifiques.* Les conditions de ce concours telles que (âge, nécessité du diplôme, etc.) seraient fixées par Monsieur le Préfet et les matières des épreuves du concours seraient aussi fixées par Monsieur le Préfet, mais après consultation du comité consultatif des Epizooties. J'estime qu'un pareil concours offrirait toutes les garanties désirables de valeur scientifique.

2° Quelle devrait-être sa situation ? — Le Ministre lui-même répond à cette question en demandant de voter des fonds suffisants pour permettre au vétérinaire délégué *de se consacrer entièrement à ses fonctions.* Ainsi donc le vétérinaire délégué doit être largement rétribué et mon avis est que son traitement de début doit-être suffisamment élevé pour tenter des vétérinaires ayant une réelle valeur scientifique. Je propose donc le chiffre de 5,000 francs comme traitement de début ; j'emploie intentionnellement traitement de début pour bien marquer que je suis partisan de l'avancement *qui assurera la fixité de* *l'emploi, et afin de stimuler le zèle, le dévouement du vétérinaire délégué*, je suis d'avis de régler l'avancement de la façon suivante : élévation à la seconde classe de son grade au bout de cinq ans *au choix* ou de dix ans *à l'ancienneté*, de même à la première classe au bout de dix ans *au choix* ou ou bout de vingt ans *à l'ancienneté*. L'élévation à chacune de ces classes correspondrait à une augmentation de 500 francs, de sorte que le traitement atteindrait le chiffre maximum de 6000 francs. L'avancement serait réglé en principe par Monsieur le Préfet lui-même, après examen des notes de service délivrées au vétérinaire délégué *par les inspecteurs sanitaires du Ministère de l'Agriculture.*

Je mentionne simplement pour être rigoureusement complet, la retraite, car vous estimerez tous avec moi, j'en suis persuadé, Messieurs, qu'un certain nombre d'années de dévouement et de travail consacrées au bien public mérite que le reste de votre avenir soit assuré, je suis d'avis de fixer à la moitié du traitement maximum le chiffre de la retraite, après trente années de service. Et comme il faut compter avec les infirmités possibles de notre humanité, il me paraît sage et prudent d'émettre le vœu, que le principe de la retraite proportionnelle puisse être appliqué. Nous avons pleine confiance dans l'esprit d'impartialité et de haute justice de MM. les Préfets, et ce serait toujours le Préfet qui serait juge des circonstances à cause desquelles, une retraite prématurée serait sollicitée.

3° Quelles seraient les attributions et obligations du Vétérinaire délégué ? — Elles feraient l'objet d'une *lettre de service préfectorale établie d'après les indications fournies par le Comité consultatif des Epizooties,* mais dès maintenant le ministre de l'Agriculture les définit ainsi : (contrôle permanent sur les opérations du service, vérification personnelle de l'observation rigoureuses des prescriptions légales, visites des foires, marchés, abattoirs, clos d'équarissage, contrôle de leur surveillance, conférences ; on peut aussi ajouter contrôle de la désinfection, du matériel de chemin de fer dans les gares de triage). En plus notre ville étant pourvue d'un laboratoire de bactériologie, une *section vétérinaire dont le directeur* *tout indiqué serait le vétérinaire délégué,* pourrait être créée. Outre les services que serait appelée à rendre cette création, elle mettrait en la personne du titulaire, le corps professionnel en excellente posture vis-à-vis du public et du corps médical. Il est entendu que le vétérinaire délégué habiterait le chef-lieu et qu'un bureau lui serait spécialement affecté à la Préfecture où il se rendrait chaque jour.

Bénéfice moral pour la Profession, résultant de la Réorganisation du Poste de Vétérinaire délégué. — De même que l'attribution des prérogatives sanitaires à chacun de nous, nous donnerait une réelle satisfaction professionnelle personnelle bien légitime, de même l'existence d'un vétérinaire délégué tel que je viens de le dire, jetterait sur tout le corps vétérinaire un nouvel éclat. Le vétérinaire délégué, synthétisant tous les dévouements professionnels au bien public, deviendrait une véritable autorité départementale dont l'action bienfaisante serait bientôt ressentie et dont chacun de nous retirerait tout le profit moral.

PARTICIPATION FINANCIÈRE DU DÉPARTEMENT AU FONCTIONNEMENT DU SERVICE DES EPIZOOTIES

Le service des Epizooties étant ainsi organisé avec tous les vétérinaires du département investis des prérogatives sanitaires dans l'étendue de leur clientèle, avec un vétérinaire chef de service, il y a lieu d'étudier *daus quelles limites* le département doit intervenir *financièrement,* pour assurer le fonctionnement de ce service. Examinons pour cela d'abord le rôle *des agents du service,* et ensuite celui du *chef de service.*

Rôles des Vétérinaires sanitaires

Pour bien étudier ce rôle, il faut serrer la question de très près et il est absolument urgent de se poser la simple question suivante : *Quelles sont les conséquences d'une maladie contagieuse ?* Elles sont toujours fâcheuses soit qu'elles provoquent une disparition complète du capital, soit qu'elles le déprécient. Or dans l'une et l'autre alternative, ces conséquences peuvent être dans la plupart des cas, sinon complètement évitées du moins diminuées, amoindries par *des soins vétérinaires* qui constituent ici les *mesures sanitaires,* car la chose n'est pas contestable, la visite de constatation de maladie contagieuse, *cette première visite d'où découlent une quantité de conséquences économiquement heureuses, résultat de la prescription des mesures sanitaires,*les frais d'abbattage, d'enfouissement, de transport, de quarantaine, de désinfection, d'inoculations révélatrices *constituent au premier chef des soins vétérinaires dont le bénéficiaire le plus direct est le propriétaire lui-même.*

Le principe étant admis, que les mesures sanitaires sont des soins vétérinaires, envisageons les éventualités qui peuvent se produire dans la pratique. Elles sont au nombre de deux : ou bien ces mesures sont appliquées *par le vétérinaire traitant* ou bien elles sont appliquées *par un vétérinaire délégué à cet effet.* Dans le second cas il y a substitution d'un vétérinaire à un autre ; on en impose un autre, eh bien dans ce second cas et dans ce cas seulement, il y a obligation pour que la rémunération des soins ainsi appliqués n'incombe pas au propriétaire, mais à celui qui a imposé la substitution du vétérinaire. *Du fait seul de la substitution dans l'application du traitement découle, pour celui qui l'ordonne, et en l'espèce, c'est au département, l'obligation d'endosser les frais du traitement.* S'il n'y avait pas de substitution, l'intervention financière du département n'aurait pas sa raison d'être. Le département ne doit pas prendre à sa charge les frais du traitement ; cette affirmation résulte du reste des dispositions de l'article 37 de la loi du 21 juillet 1881.

ART. 37. — « Les frais d'abattage, d'enfouissement de transport, de quarantaine de désinfection *ainsi que tous les autres frais* auxquels peut donner lieu l'exécution des mesures prescrites en vertu de la présente loi, sont à la charge des propriétaires ou conducteurs d'animaux. En cas de refus, etc, »

Ainsi, par conséquent partant de ce principe *que les mesures sanitaires sont acceptées par nous comme des soins vétérinaires au premier chef,* on peut conclure :

1° que leur application et leur surveillance par un vétérinaire chez son client entraînerait pour celui-ci la rémunération de ces soins ; c'est ce qui se produirait dans le cas où le vétérinaire jouirait des *prérogatives sanitaires dans l'étendue de sa clientèle ;* 2° que l'application des mesures sanitaires chez un propriétaire par un vétérinaire envoyé par le département entraînerait pour celui-ci la rémunération de ces soins et ne l'entraînerait que parce que le *département aurait envoyé ce vétérinaire ;* c'est ce qui se produirait dans le cas où tous les vétérinaires jouiraient des prérogatives sanitaires dans des circonscriptions. La chose ne se passe pas du reste autrement actuellement ; bien souvent le vétérinaire traitant voit l'animal malade atteint de maladie contagieuse, pendant que le vétérinaire sanitaire l'a sous sa surveillance. Le vétérinaire traitant est payé par le propriétaire et le vétérinaire sanitaire par le département qui s'est créé une obligation vis-à-vis de lui en lui imposant un devoir. Le vétérinaire sanitaire dans l'étendue de sa clientèle, *est un vétérinaire traitant qui a accepté l'obligation de rendre compte* de la prise de mesures sanitaires, de leur surveillance, de la possibilité de les lever, *il ne devient fonctionnaire à mon humble avis, que là où commencent les écritures administratives c'est-à-dire les rapports.* Il ne reste donc *à la charge du département que les actes administratifs* constituant les procès-verbaux établissant les déclarations et les demandes de levée d'infection de maladie contagieuse. Ces procès-verbaux pourraient être dressés d'après des imprimés établis à l'avance et ne demandant que fort peu de temps pour être remplis. *Le corps vétérinaire s'honorerait grandement en ne demandant aucune rétribution pour ce petit travail qui pourrait être fait à titre gracieux.* Et l'Autorité Préfectorale, en sollicitant et en obtenant la franchise postale pour toutes les communications du service sanitaire, verrait la part contributive jugée nécessaire au *fonctionnement des agents sanitaires, réduite à néant.*

Rôle du Vétérinaire délégué

Les mesures de police sanitaires étant envisagées surtout comme des soins vétérinaires, ce n'est que l'ensemble de ces mesures qui constitue à proprement parler le service sanitaire. C'est la centralisation, le contrôle de ces mesures *qui constitue réellement le Service des*

Epizooties, lequel est assuré par le vétérinaire délégué. Outre que la rémunération des services que rend ce fonctionnaire doit lui être assurée personnellement, il lui faut des crédits nécessaires au fonctionnement de ce service et nécessités par les frais de bureau, de déplacements (visites de contrôle, de surveillance, conférences) ; autopsie d'animaux trouvés sur la voie publique et soupçonnés atteints de maladie contagieuses, rémunération de visites sanitaires chez des indigents, rémunération de visites sanitaires faites à la suite de la déclaration par un maire *et ayant donné un résultat négatif;* on ne saurait en effet obliger dans ce cas un propriétaire, à rétribuer un vétérinaire ayant fait chez lui une visite qui n'était pas utile et qui ne *peut avoir pour lui aucun avantage économique.* Dans toutes les autres circonstances, les frais de visites seront à la charge des propriétaires, ce principe étant admis qu'en aucun cas le département ne saurait se substituer à eux. En conséquence le département aura donc à voter des fonds sur lesquels seront prélevés *le traitement du vétérinaire délégué et les crédits nécessaires au fonctionnement de son service.*

J'en ai fini, Messieurs, avec les développements de mon projet de réorganisation, permettez-moi de vous soumettre une dernière observation qui m'a été suggérée par l'intensité de la dernière épidémie de fièvre aphteuse. Le règlement d'administration publique dans son article 97 donne à MM. les Préfets le pouvoir d'étendre la prérogative du vétérinaire délégué à plusieurs vétérinaires sanitaires dans certaines épizooties de Peste Bovine et de Péripneumonie, nous demanderons que cette disposition soit applicable dans les grandes épizooties de fièvre aphteuse. Et dans ce cas, les vétérinaires nommés par le Préfet, seront proposés par leur chef de service, le vétérinaire délégué. Si cette modification ou plutôt cette extension des effets de l'article 97 ne pouvait être votée par le Conseil général, il pourrait la solliciter du ministre compétent.

J'ai résumé, condensé les idées de mon projet dans une série d'articles dont voici l'énumération :

Le service des Epizooties est organisé comme il suit :

TITRE I. — Composition du Service

ART. I. — Ce service comprend un vétérinaire délégué chef de service, et tous les vétérinaires diplômés, exerçant dans le département.

TITRE II. — Nomination, Rétribution. Attributions et Obligations du Vétérinaire délégué

ART. II. — Le vétérinaire délégué chef de service sera nommé au concours. Les conditions du concours (âge, pièces à fournir, etc.) seront fixées par M. le Préfet. Les épreuves du concours seront aussi fixées par M. le Préfet, après consultation du Comité consultatif des Epizooties.

ART. III. — Les émoluments du vétérinaire délégué seront fixées à 5000 francs comme début, ils seront passibles d'une augmentation de 500 francs au bout de cinq ans, ils correspondront à une élévation de classe, ou au bout de dix ans par ancienneté et d'une nouvelle augmentation de 500 francs au bout de cinq nouvelles années qui correspondront à une nouvelle élévation de classe, ou au bout de dix autres années par ancienneté, de façon à atteindre un traitement maximum de 6000 francs.

ART. IV. — Une retraite égale à la moitié du traitement sera assurée au vétérinaire délégué, après trente années de service. Le principe de la retraite proportionnelle sera applicable dans certains cas spéciaux, à établir par M. le Préfet.

ART. V. — Les attributions et les obligations du vétérinaire délégué feront l'objet d'une lettre de service préfectorale établie après consultation du Comité consultatif des Epizooties, et toujours modifiable suivant les nécessités résultant des progrès scientifiques ou des modifications de la législation sanitaire.

TITRE III. — Attributions, Obligations des Vétérinaires sanitaires. Leurs rapports avec l'Administration

ART. VI. — Tous les vétérinaires du département sont vétérinaires sanitaires dans l'étendue de leur clientèle. Ils jouissent des droits et prérogatives attachés à cette fonction et ils devront s'acquitter des devoirs qu'elle impose.

Art. VII. — Les vétérinaires sanitaires devront prendre d'urgence toutes les mesures de police sanitaire prescrites par les lois et décrets, et en attendant l'affichage de l'arrêté d'infection, signaler au public intéressé l'existence de la maladie, par l'apposition à l'entrée principale de l'exploitation d'un écriteau portant en caractères très visibles le nom de la maladie.

Art. VIII. — Tout vétérinaire requis par le vétérinaire délégué ou sur son ordre est tenu de se rendre à la réquisition.

Art. IX. — Toutes les communications concernant le service sanitaire seront faites à l'aide d'imprimés spéciaux. Elles jouiront de la franchise postale.

TITRE IV. — Devoirs des Maires dans les cas de Maladies contagieuses non déclarés

Art. X. — Il est rappelé à MM. les Maires que toutes les fois qu'une maladie contagieuse n'ayant pas fait l'objet d'une déclaration vient à leur connaissance, ils sont tenus d'en faire immédiatement la déclaration à M. le Préfet.

TITRE V. — Participation financière du département au fonctionnement du Service

Art. XI. — Une somme de ...... francs est votée par le Conseil général. Elle sera répartie ainsi qu'il suit : 1° 5000 francs seront affectés au traitement du vétérinaire délégué ; 2° un crédit de ...... francs sera mis à la disposition du vétérinaire délégué pour assurer le fonctionnement de ce service (organisation de conférences, frais de bureau, frais de déplacement à l'occasion du service).

Art. XII. — Rentrent aussi dans la catégorie des redevances départementales et seront imputables au crédit mis à la disposition du vétérinaire délégué :

1° Les vaccations de visites sanitaires chez des indigents ;

2° Les vaccations de visites faites par l'application de l'art. 10 et qui auront donné un résultat négatif ;

3° Les autopsies d'animaux trouvés morts sur la voie publique et suspects de maladie contagieuse.

Toutes ces vaccations seront fixées d'après le tarif suivant :

A. — Pour les visites 2 fr. de vaccation, plus 0 fr. 25 de déplacement par kilomètre ;

B. — Pour les autopsies 3 fr. pour les petits animaux et 5 fr. pour les grands, plus les frais de déplacements calculés comme ci-dessus s'il y a lieu.

TITRE VI. Responsabilités des Vétérinaires délégués et sanitaires

Art. XIII. — Le vétérinaire délégué est directement responsable vis-à-vis de M. le Préfet : 1° du bon fonctionnement du service ; 2° du crédit mis à sa disposition pour ce service.

Art. XIV. — Les vétérinaires sanitaires sont responsables vis-à-vis du vétérinaire délégué de leurs actes accomplis dans ou à l'occasion de leurs fonctions sanitaires.

TITRE VII. — Pénalités

Art. XV. — Il est rappelé à MM. les propriétaires, conducteurs, directeurs de transports d'animaux domestiques, maires et vétérinaires que les dispositions prévues dans le titre IV de la Loi du 21 juillet 1881 sont toujours appplicables.

TITRE VIII. — Dispositions générales

Art. XVI. — Les dispositions de l'art. 97 du décret du 22 juin 1882 seront applicables dans le cas d'Epizootie de fièvre aphteuse s'étendant à tout le département.

Art. XVII. — Les art. 98 et 99 du même décret restent applicables.

Art. XVIII. — Toute disposition antérieure contraire à celles contenues dans les articles précédents est abrogée.

Si ces idées recueillent votre approbation, la retraite de notre très honorable confrère M. Desprez s'imposera. La Société de Médecine Vétérinaire s'honorera grandement en affirmant sa reconnaissance et sa vive sympathie pour son président d'honneur M. Desprez, en sollicitant pour lui de l'Administration Préfectorale le titre honorifique justement mérité de « Vétérinaire départemental honoraire.

Tel est, Messieurs, l'ensemble complet de mon projet de réorganisation du Service départemental des Epizooties. Si vous l'approuvez vous émettrez un vœu dans ce sens.

E. CRÉMONT
Médecin Vétérinaire à Amiens.